数学王国
奇遇记

纸上魔方 / 编著

数学原来是这样的

山东人民出版社

全国百佳图书出版单位 国家一级出版社

图书在版编目（CIP）数据

数学王国奇遇记.数学原来是这样的/纸上魔方编著.—济南：山东人民出版社，2014.5（2022.1重印）

ISBN 978-7-209-06353-1

Ⅰ.①数… Ⅱ.①纸… Ⅲ.①数学－少儿读物

Ⅳ.①O1-49

中国版本图书馆 CIP 数据核字 (2014) 第 080457 号

责任编辑：王　路

数学原来是这样的

纸上魔方　编著

山东出版传媒股份有限公司

山东人民出版社出版发行

社　址：济南市英雄山路 165 号　邮　编：250002

网　址：http:// www.sd-book.com.cn

推广部：（0531）82098025　82098029

新华书店经销

天津长荣云印刷科技有限公司印装

规　格　16 开（170mm×240mm）

印　张　8

字　数　120 千字

版　次　2014 年 5 月第 1 版

印　次　2022 年 1 月第 6 次

ISBN　978-7-209-06353-1

定　价　29.80 元

如有质量问题，请与出版社推广部联系调换。

目 录

第一章

数字运算的奥妙

小数点的作用可不小

生活中，很多时候我们都会发现，小数点虽然小，意义却很重大。小数点只要放错了位置，它就会扩大很多倍或是缩小很多倍，而带来的结果更是千差万别了。

小数点是一个写成"."的符号。这个符号是为了表示出个位以下的数字，可以说是一个分界线呢！别看它不起眼，它可有着

非常重要的作用呢！小朋友或许会想，不就是个小错误嘛，改一下不就行了吗？告诉你吧，有人可是曾经因为小数点的错误而丧命呢！真的有这么严重吗？小朋友们看完下面的故事就知道了。

在 1967 年的时候，苏联发射了一个叫作"联盟一号"的宇宙飞船。一名叫作科马洛夫的宇航员乘坐这个飞船，在太空中飞行了一天一夜之后返回地球。本来就要圆满完成任务了，却不想在进入大气层的时候，出现了无法挽救的可怕事故——用于安全降落的减速降落伞竟突然打不开了！

宇宙飞船降落那会儿是什么样的速度啊！在得知这个消息之后，当局就已经知道问题无法解决了。因此在距离飞船坠毁还有两小时的时候，当局向全国宣布了这个噩耗。生命仅剩两个小时的时候，科马洛夫用一个多小时的时间和他的领导汇报情况。在

那之后他通过卫星见到了亲人。

时间是短暂的，纵有千言万语此时也已经说不出了。他的女儿才 12 岁，然而他却再没有机会能够看着她长大了。他知道

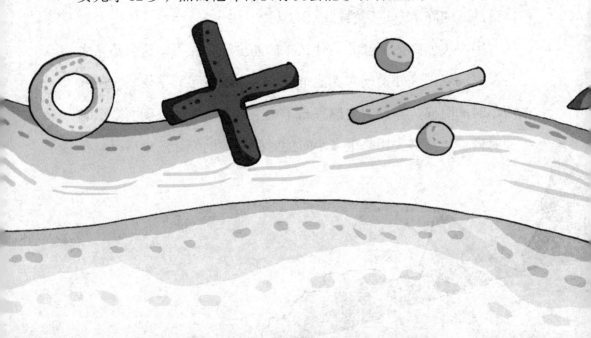

女儿的梦想是成为宇航员，因此他对亲爱的女儿说了这样的一句话："孩子，在你学习的时候一定要认真对待小数点的问题。因为今天所发生的一切就是源于一个小数点的错误。"

谁能想到，宇宙飞船这么先进的东西，仅仅因为一个小数点的错误就坠毁了呢？虽然这是个教训，但是结果未免太过惨痛了。小朋友们一定要记住，科学是非常严谨的，所以一定要认真学习知识。尤其是对待小数点的时候要格外注意哦！

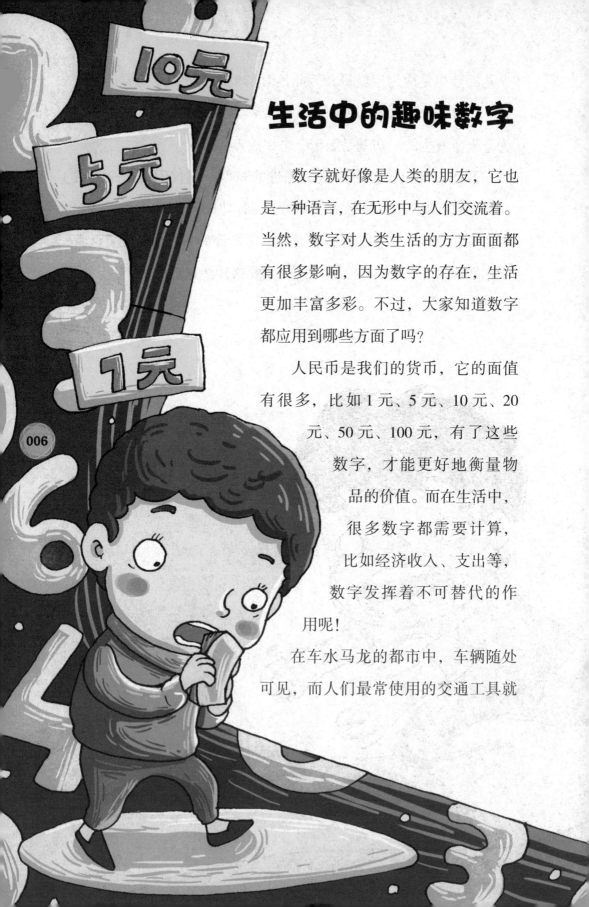

生活中的趣味数字

数字就好像是人类的朋友，它也是一种语言，在无形中与人们交流着。当然，数字对人类生活的方方面面都有很多影响，因为数字的存在，生活更加丰富多彩。不过，大家知道数字都应用到哪些方面了吗？

人民币是我们的货币，它的面值有很多，比如1元、5元、10元、20元、50元、100元，有了这些数字，才能更好地衡量物品的价值。而在生活中，很多数字都需要计算，比如经济收入、支出等，数字发挥着不可替代的作用呢！

在车水马龙的都市中，车辆随处可见，而人们最常使用的交通工具就

风水中的数字

我国传统的风水学中，人的生辰数字、姓名数字、房屋数字、手机数字、车牌号码、结婚日期都是有用的数字，因为大家相信，这关系着一个人的人生命脉。不管是封建迷信，还是具有一定的科学依据，它都真实地影响着一部分人的生活。

是公交车和地铁。在道路规划上，每一条路都被做了标记，于是公交车和地铁也都用"1路""2路"或者"1线""2线"等来表示。有了这些数字，交通才不会混乱，大家才可以轻轻松松地出行哦！

在人体的健康方面，数字也有着很大的作用呢！因为人体的各项指标都是用数字来表示的，比如：空腹血糖不能高于5.6mmol/L，男性的腰围不能超过90cm、女性不能超过80cm，每周运动不少于3次，每次有氧运动不少于30分钟等，有了具体的数字，才能规范人们的生活。

其实，诸如此类的例子还有很多，小朋友们，你们是否也发现了隐藏在生活中的趣味数字呢？

负数的常见用途

每一个数字都有自己的影子，比如"1"的影子是"－1"，而影子也有自己的称呼哦！它叫作"负数"。难道它真的只是一个影子，而毫无用处吗？答案是否定的。那么，在哪些方面可以用到负数呢？在说它之前，还是先给大家讲个小故事吧！

正数和负数是一对姐妹，她们俩长得非常像，几乎是一个模子刻出来的，并且两人有一个共同的小主人。突然有一天，她们吵架了。正数就说："我是世界上最大的，'0'和你们都要败在我的手下。"

负数比正数小，所以吵不过她，于是就憋着一肚子的气回去了，但她决定捉弄一下正数。

第二天的时候，小主人要考试了，在做第二题的计算时要写几个负数。可是负数们为了捉弄一下正数，就在交卷时偷偷地交换了位子，把负号给隐藏了。

负数的一举一动被正数看见了，她心里着急了，为了不让小主人丢分，她决定向负数道歉。负数见此，心就软了下来，然后又把位子换了过来，加上了负号。从此，姐妹俩再也不争吵了，相处得十分融洽。

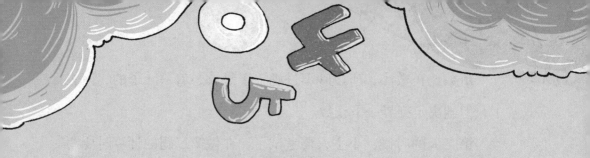

　　从故事中可以了解到，所有的负数都是小于正数和"0"的，并且，除了"0"之外，每一个正数都有一个相对应的负数。自古以来，人们对负数就有着深刻了解呢！

　　据史料记载，早在两千多年前，我国就有了正负数的概念，并且掌握了正负数的运算法则。在三国时期，学者刘徽在建立负数的概念上有着重大贡献，他给负数下了定义，他说："今两算

得失相反，要令正负以名之。"意思是说，在计算过程中如果遇到具有相反意义的量，那么就可以用正数和负数来区分它们。

在生活中，人们经常会遇到具有相反意义的量。比如，在记账的时候，常常遇到有余有亏的现象；在计算粮仓存米情况时，有时要记进入的，有时要记运出的。久而久之，人们为了方便，便用正负数来表示这些数量。由此可见，负数是在生产实践中产生的呢！

还有一处负数比较常见，就是温度计。比如：夏天武汉气温高达 42℃，这会让人不自觉地想到火炉。而在冬季的时候，哈尔滨的气温低至 -32℃，一个负号就能让人感觉到寒风瑟瑟，漫天大雪了！

现今，在中小学的教材中，也可以详细了解到负数哦！有兴趣的小朋友，可以继续去探索它的奥秘呢！

世界上最难的数学题

公元 1742 年 6 月 7 日，德国的业余数学家哥德巴赫写信给当时的大数学家欧拉，提出了以下的猜想：（a）任何一个大于或等于 6 之偶数，都可以表示成两个奇质数之和；（b）任何一个大于或等于 9 之奇数，都可以表示成三个奇质数之和。这就是著名的"哥德巴赫猜想"。

从哥德巴赫提出这个猜想至今，许多数学家都不断努力想攻克它，但都没有成功。当然曾经有人做了些具体的验证工作，例如：6=3 + 3,8=3 + 5,10=5 + 5=3 + 7,12=5 + 7,14=7 + 7=3 + 11,16=5 + 11,18=5 + 13，等等。

有人对 33×10⁸ 以内且大过 6 之偶数一一进行验算，哥德巴赫猜想（a）都成立，但严格的数学证明尚待数学家的努力。目前最佳的结果是由中国数学家陈景润于 1966 年证明的，

称为"陈氏定理"——任何充分大的偶数都是一个质数与一个自然数之和，而后者仅仅是两个质数的乘积。通常都简称这个结果为：大偶数可表示为"1＋2"的形式。

在陈景润之前，关于"偶数可表示为 s 个质数的乘积与 t 个质数的乘积之和"（简称"s＋t"问题）的进展情况如下：

1920 年，挪威的布朗证明了"9＋9"；

1924 年，德国的拉特马赫证明了"7＋7"；

1932 年，英国的埃斯特曼证明了"6＋6"；

1937 年，意大利的蕾西先后证明了"5＋7""4＋9"，"3＋15"和"2＋366"；

1938 年，苏联的布赫夕太勃证明了"5＋5"；

1940 年，苏联的布赫夕太勃证明了"4＋4"；

1948 年，匈牙利的瑞尼证明了"1＋c"，其中 c 是一个很大的自然数；

1956 年，中国的王元证明了"3＋4"；

1957 年，中国的王元先后证明了"3 + 3"和"2 + 3"；

1962 年，中国的潘承洞和苏联的巴尔巴恩证明了"1 + 5"，中国的王元证明了"1 + 4"；

1965 年，苏联的布赫夕太勃和小维诺格拉多夫，及意大利的朋比利证明了"1 + 3"；

1966 年，中国的陈景润证明了"1 + 2"。

最终会由谁攻克"1 + 1"这个难题呢？现在还没法预测。

神奇的无限循环小数

提起圆周率，你可能不知道，圆周率"π"其实是个无限不循环小数呢！即"3.141 592 653……"小数点后面的数字会一直延伸下去，并且不循环哦！相对的，有无限不循环小数，那么一定也有无限循环小数，它究竟有多么神奇呢？

在说它之前，我们先和小朋友们说一个十分有趣的小故事吧！

我们都知道"香蕉"的英文单词是"banana"。据说，在很久以前，猴子特别喜欢吃香蕉，于是神仙就想考考它，对它说道："猴子啊猴子，如果你能拼写出香蕉的英文单词，那么我就天天给你吃香蕉。"猴子一听，立马就高兴了，它托着脑袋道："bananana……"就这样，猴子没完没了地拼着，一直重复着"na"，直到饿死了也没有停止。

在故事中，猴子拼写的单词就是一个无限循环哦，它循环的字母是"a"和"n"。在数学的国度里，无限循环小数又是怎么样的呢？

我们都知道，在除法运算中，$1 \div 3 = 0.333\cdots\cdots$，$2 \div 3 = 0.666\cdots\cdots$，$13 \div 11 = 1.181\,818\cdots\cdots$，$1\,234 \div 9\,999 = 0.123\,412\,341\,234\cdots\cdots$，省略号代表的便是数字的循环，有的是一个数码的循环，有的是多个数码的循环。因此，我们可以给无限循环小数下定义：一个数的小数部

分，从某一位起，一个数字或几个数字依次不断重复出现，这样的小数叫作无限循环小数。

怎么样？赶紧动动脑筋，看看还有哪些除法式子能够算出无限循环小数吧！

自然数背后的故事

小朋友们，在你们还很小的时候，就与自然数结下了不解之缘哦！当我们还在摆弄着手指，吃力地数着1、2、3、4、5……的时候，咱们就已经不知不觉地用到了自然数。那么，你们再仔细想想，还有哪些地方会是自然数时常出没的场所呢？

如果小朋友细心观察自己家的门牌号码，就会发现这个数字是一个区别于其他人家门牌号码的自然数；在拨打爸爸妈妈的手机电话号码时，那些数字也是自然数哦！说了这么多"自然数"，这个家伙究竟表达的是什么意思呢？

　　说到自然数的产生，可以说它源自于人类数数目的需要。比如，当两只狼同时逼近一个原始人时，他在惊呼的同时，可能会伸出两根手指将这样的坏消息通知他的同伴，其实他不自觉地将每根手指和每只狼一一对应了起来，利用一只手的五根手指就能记下1、2、3、4、5五个数，两只手就能数到10，所以到后来人们就用自然数计数。

　　其实，自然数就是人们用来计量事物的数量或者用来表示事物次序的数字，像0、1、2、3、4、5……都是自然数。换句话说，凡是大于等于0的整数都是自然数，但是负数、小数、分数等都不包含在内。

在我们的日常生活当中，自然数也可谓无处不在呢！人们常常会用它来计数或者测量，比如"有 5 个苹果"或者"10 米"。还可以用它来为某个事物排序或者标号，比如"全国第三大城市"。如果大家仔细寻找的话，还会发现很多很多呢！

不过，小朋友们，你们知道最小的自然数是几吗？它就是"0"哦！"0"可是一个苦命的孩子呀，为什么要这么说呢？

自然数从"0"开始，一个接一个，共同构成了一个无穷的集体。"0"是个极重要的数字，在我国古代它又叫"金元数字"，也就是"极为珍贵"的意思。在公元前 400 年，它被巴比伦人当

作数码符号使用。公元 200 年，玛雅人把它当作了数字，可惜的是玛雅文明没能和其他文明有所交流，所以现代观念里"0"的概念和用法，最早是由印度学者婆罗摩笈多于公元 628 年提出的，若干年后经阿拉伯人传到了欧洲。

"0"初到欧洲时，其实并不受欢迎，它就像是一个被人抛弃了的孩子，因为在那个时候，人们认为所有的数都是正数，而它存在的意义不大，可有可无，所以"0"也被叫作"魔鬼数字"，遭到禁用。一直到 15 世纪末 16 世纪初的时候，它才被人们接受，西方的数学因此有了飞速的发展。

时至今日，关于"0"的争议仍然存在，但在我国，2000 年后的中小学教材普遍将"0"列入自然数的范围内了呢！

小朋友们，自然数充斥在我们周围，它美妙和谐，看似简单却又神秘。如今，经过人类千年的努力，已经寻找到自然数中的很多规律，但对简单朴素的自然数本质规律的探究仍是数学界的头号难题呢！

奇数和偶数谁更大？

　　数字在我们的生活中可谓是非常常见的，我们可以将它分成很多种类哦！在上体育课的时候，老师会说："同学们，开始报数吧！"于是，大家会1、2、3、4……接龙似的报下去。如果老师又说："同学们，报了奇数的向前跨一步，报了偶数的往后退一步。"如此的话，你们会有什么反应呢？是不是都迷惑不解？别着急，下面我们就来了解一下"奇数"和"偶数"背后的秘密吧！

　　在数学的世界里，人们给予"奇数"的定义是：在整数

中，不能被 2 整除的数就是奇数，也被称为"单数"，它包括正奇数和负奇数，比如"－3""－1""1""3"等；而"偶数"的定义是：在整数中，能够被 2 整除的数就是偶数，也被称为"双数"，它包括正偶数、负偶数和 0，比如"－4""－2""2""4"等。

小朋友们，你们认为在整数这个大家庭中，究竟是奇数大，还是偶数大呢？看了下面的小故事可能就会恍然大悟哦！

在很久很久以前，奇数和偶数是一对兄弟。有一天，两兄弟在墙角吵得面红耳赤，那么，他们究竟是在为什么争吵呢？走近一听，原来他们正争论着谁最大呢！

奇数对偶数说："我比你大。"

偶数听完，心里就不乐了，他不甘落后地说道："你胡说，我才是最大的呢！不信的话，咱俩可以比试比试！"

奇数一听也同意了，于是说道："比就比，我才不怕你呢，你先出一个数吧！"

偶数找来了一大堆数字朋友，他对自己的手下说："谁是 10 000 啊！你站出来。"

于是 10 000 站了出来，偶数得意扬扬地看着奇数。奇数不紧不慢，因为他也找来了一堆伙伴，他说道："伙伴们，比 10 000 大 1 的站出来！"

这时，奇数这边走出一个数说："我是 10 001，我比 10 000 要大 1。"奇数立马神气起来，他对偶数说道："怎么样？你看见没有，我比你大呢！"

奇数刚说完，偶数队伍中就有人大声喊道："不对，不对，我比他大！我是 10 002。"

……

奇数和偶数两兄弟吵得不可开交，最后，他们决定找爷爷评评理去。一见到爷爷，就争抢着问道："爷爷，爷爷，我们两个到底谁大啊？"

爷爷摸着自己长长的白胡子，慢悠悠地说道："这个嘛，我得给你们查查！"兄弟两个等了一会儿，爷爷开口了，"你们是不能比的，因为你们都是无限的，你们都没有最大的和最小的数，这怎么能够比呢？"

奇数和偶数听完爷爷的话后，不约而同地说："原来是这样啊！谢谢爷爷。"最后，兄弟俩和好如初，手牵着手回家去了。

故事说完了，小朋友们有没有看出什么奥妙呢？奇数和偶数，它们没有大小之分，就好比是一同出生的孪生兄弟呢！

数字和数量有何区别？

　　孪生兄弟很相似，但是他们的指纹却不同。在数学中，数字和数量听起来很相似，但是两者还是存在一定的区别哦！那么小朋友们，你们知道它们之间有什么不同吗？

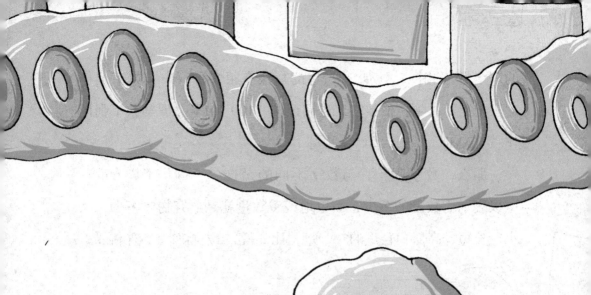

其实呢，数字是一种表示数的书写符号，阿拉伯数字由10个数字按值排列。你们知道吗？不同的计数系统所用到的数字可以相同，比如说人们常用的十进制会用到10个阿拉伯数字，而二进制也会用到其中的"0"和"1"。但同一个数在不同的计数系统中，它

的表示并不相同。比如37，它的写法有很多种：中文数字记作"三十七"，阿拉伯数字二进制记作"100 101"，罗马数字则记作"XXXVII"。

那么，数量呢？它与数字不同的是这个"量"字。"量"可以表示为数量的多少，简单地说，数量就是形容物体多少、大小、长短、高低、轻重的一个量，比如说，2杯咖啡、5斤桃子、500人等。

小朋友们，不论数字和数量的区别有多大，它们的共同点都是在人类的生产实践中诞生的。有了它们的存在，我们的日常劳作和生活才会变得规律哦！

虚数真的很虚吗?

虚数,难道它指的是一个虚假的数字吗?小朋友们,如果这样理解的话可就错了,其实啊,虚数是指平方是负数的数。

在 17 世纪时,著名数学家笛卡尔创造出了虚数,顾名思义,在当时的观念里,人们认为那样的数不存在。后来,他用平面上的纵轴,与对应平面上横轴的实数验证了它的真实性。那么,大家知道虚数是怎么诞生的吗？

与许多数字一样，虚数的发现也源于生产实践。实数与虚数相对应，它包括有理数和无理数，也就是说它是实实在在存在的数。

无理数的发现，应该归功于古希腊毕达哥拉斯学派。但是起初的时候，他们感到很纠结，因为他们的学说中只有整数和分数的概念，这些并不能完全表示正方形对角线与边长的比。后来，

许多数学家们都研究过这一问题，一直到了笛卡尔手中才得以解决。

小朋友们，你们可不要觉得虚数是个没用的家伙，其实它在很多高科技中都有出现呢！虚数已经成为微芯片设计和数字压缩运算的核心工具，像我们使用的 MP3 播放器就是依赖虚数播放出了优美的歌曲呢！比这更重要的是，它们还是带来了电子学革命的量子力学的基础哦。

总而言之，在现代技术中，虚数几乎无处不在，它早已经渗透到人们的日常生活之中！

道古桥的传说

杭州市区西溪路原先有一座石桥，叫道古桥。始建于南宋嘉熙年间（1237年—1240年），造桥的是南宋大数学家秦九韶，"道古"是他的字。关于这座桥，还有一段传说呢。

九韶自幼聪颖好学，他的父亲曾出任秘书少监，掌管图书，其下属机构设有太史局，这使他有机会博览群书，学习天文历法、土木工程、数学等。1231年九韶考中进士，曾在湖北、安徽、

江苏、广东等地为官。1238年，他回临安为父奔丧，见河上无桥，两岸人民往来很不便，便亲自设计了一座桥，再通过朋友从府库得到银两资助，在西溪河上造了这座桥。

道古桥的历史悠久，一直保存到21世纪初，因为西溪路扩建改造，原先的桥和小溪才被填为平地，并建起高楼大厦，诸如嘉华国际商务中心等，只留一个公交车站名为道古桥。

1244年，秦九韶因丧母离任，回湖州守孝三年。正是在湖州守孝期间，秦九韶专心研究数学，于1247年完成名著《数书九章》，他因此名声大振。加上他在天文历法方面的丰富知识和成就，受到皇帝召见。他在皇帝面前阐述自己的见解，并呈奏稿和"数学大略"（即《数书九章》）。据说，他可能是第一个受到

皇帝召见的中国数学家。

　　《数书九章》中最重要的两项成果是"开方正负术"和"大衍总数术"。前者给出了一元高次代数方程的算法，包括最高10次的21个高次方程的求解例子；后者给出了著名的"孙子定理"的一般表述。大约在公元四五世纪成书的《孙子算经》里，孙子只是给出了一个特殊例子。秦九韶在《数书九章》中，将这个理论做了总结，提升到理论的高度，给出了一次同余式组的求解准则和解法。

　　1801 年，"数学王子"高斯的名著《算术研究》里，也提出了上述定理，但他不知道中国的数学家早已经有了这个结论。直到 1852 年，秦九韶的结论和方法被英国传教士伟烈亚力翻译并介绍到欧洲，然后被迅速从英文转译成德文和法文，引起广泛的关注。至于何时何人将之命名为"中国剩余定理"，仍是个未解之谜，但不晚于 1929 年。

　　"集合论"的创始人、德国大数学家康托尔赞扬秦九韶是"最幸运的天才"。有"科学史之父"美誉的美国科学史家萨顿认为，秦九韶是"他那个民族，他那个时代最伟大的数学家之一"。

　　"中国剩余定理"在我国也叫"孙子定理"，严格来讲，应称为"孙子秦九韶定理"，或"秦九韶定理"。无论如何，其都可以说是中国人发现的最具世界性影响的定理，是中外任何一本基础数论教科书不可或缺的一部分，同时其被应用到另一数学分支——抽象代数里面。此外，这个定理还被应用到密码学、哥德尔不完全性定理的证明，以及快速傅里叶变换理论等诸多方面。

　　在数学史上，秦九韶、朱世杰、杨辉和李冶合称为"宋元数学四大家"，在整个中国数学史上占有非常重要的地位。即使在世界范围内，同时代的数学家中，也只有意大利的斐波那契和波斯的纳西尔丁可与之相提并论。

　　如果小朋友们想去看看道古桥，会感到遗憾。因为如今道古桥已不见踪影，只留下了一个地名。

第二章

数字的趣味历史

你了解最早的计算工具吗?

　　现如今是一个科技发达的时代，人们用于计算的工具有很多，比如计算器、计算机等，只要输入正确的数字，然后正确地操作，那么就能得出十分精确的答案了！小朋友们，你们知道古代人是怎么来计数的吗？根据史书记载和现有的考古材料的发现，古代人是用小棍子来计数的，它被称为"算筹"，也叫作"算筹计数工具"。

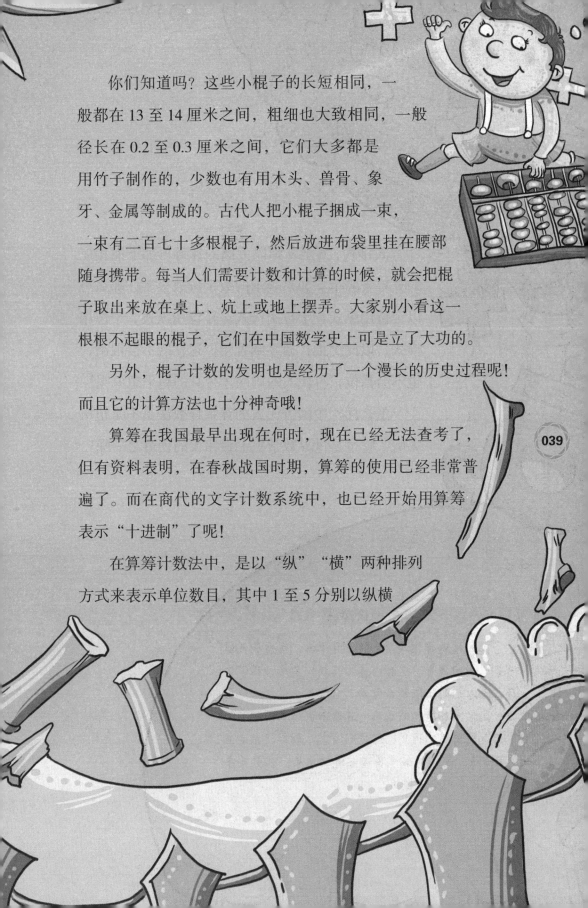

你们知道吗？这些小棍子的长短相同，一般都在 13 至 14 厘米之间，粗细也大致相同，一般径长在 0.2 至 0.3 厘米之间，它们大多都是用竹子制作的，少数也有用木头、兽骨、象牙、金属等制成的。古代人把小棍子捆成一束，一束有二百七十多根棍子，然后放进布袋里挂在腰部随身携带。每当人们需要计数和计算的时候，就会把棍子取出来放在桌上、炕上或地上摆弄。大家别小看这一根根不起眼的棍子，它们在中国数学史上可是立了大功的。

另外，棍子计数的发明也是经历了一个漫长的历史过程呢！而且它的计算方法也十分神奇哦！

算筹在我国最早出现在何时，现在已经无法查考了，但有资料表明，在春秋战国时期，算筹的使用已经非常普遍了。而在商代的文字计数系统中，也已经开始用算筹表示"十进制"了呢！

在算筹计数法中，是以"纵""横"两种排列方式来表示单位数目，其中 1 至 5 分别以纵横

方式排列，6 至 9 则以上面的算筹再加下面相应的算筹来表示。如果表示的数字位数很多，那么可以个位用纵式，十位用横式，百位用纵式，千位用横式，以此类推，遇零则置空。这样既不会混淆，也不会错位，古代人的聪明才智真的超乎想象呢！

怎么样？中国古代人的算筹计数法是不是很厉害呢？它可是世界数学史上最伟大的创造之一呢！

计算工具算盘

算盘也是古代人使用的计算工具，在当代也能看见它们的身影。这种计算工具轻巧灵活、携带方便，与人们的生活关系密切。它最早出现在汉朝初期，到了元朝时逐渐成熟。算盘不仅对中国经济的发展起到有益的作用，还传到日本、朝鲜、东南亚等地后，更是促进了各国经济的发展。在数千年后的今天仍在使用。

加减乘除的诞生史

你一定都已经学过一些简单的加减乘除了吧？即使还不会计算，但是只要看到"＋、－、×、÷"这四个符号，小朋友们还是能叫上它们的名字的，也知道相应的符号是哪一种运算。那小朋友们有没有想过这样的问题：这些符号是什么时候开始运用的呢？又是怎么来的呢？

在我国历史上，数学运算很早就出现了，但是这些符号真正被广泛运用是在17世纪。在这之前运算符号都是比较麻烦的。

在一开始，表示"加"的符号是"p"，取自于英语表示"加"的单词，也就是"plus"的首字母。不过加法符号的运用并不统一，比如用拉丁文表示就是另一种符号——"et"，相当于英语当中表示"和"的单词"and"。虽然有了符号，不过仍然不够简便。随着欧洲商业的日益繁荣发展，"et"这个符号的两个字母就慢慢连起来写，之后慢慢简化，最终就成为现在用的"＋"了。不得不说，这个符号还真是方便简洁呢！

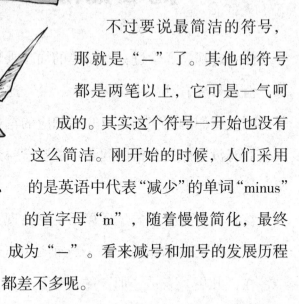

不过要说最简洁的符号，那就是"−"了。其他的符号都是两笔以上，它可是一气呵成的。其实这个符号一开始也没有这么简洁。刚开始的时候，人们采用的是英语中代表"减少"的单词"minus"的首字母"m"，随着慢慢简化，最终成为"−"。看来减号和加号的发展历程都差不多呢。

不过乘号的出现和加号、减号并不在同一个时间哦。在加号出现了一百多年之后，它才出现。这个符号最早也是在英国出现的。因为乘法可以看作是数字的连续相加，比如 12×4，就能表示成 12＋12＋12＋12。所以有乘号是根据加号演变而来的说法。我们想想，确实，"×"看起来和"＋"还真是很相似呢！

不过乘法符号除了"×"之外也有"·"的表示形式，因为有人认为"×"容易和字母"x"混淆。"·"在现在的数学当中也是被认可的，不过因为它容易和小数点混淆，所以用得比较广泛的仍旧是"×"。

在四种运算符号里，最复杂的就是除法的符号"÷"了。这个符号还是率先在英国用起来的，后来推广到了全世界。它原本代表的意思是"分"，这么说，小朋友们觉得有些难以理解吧？

那换一种说法，如果有 20 个苹果，要分给 5 个小朋友，每个小朋友会有几个呢？用符号表示就是"20÷5"。仔细观察符号小朋友们会发现什么呢？"÷"像不像是用"一"把上下两部分分开了呢？小朋友这么理解就明白"分"的意思了吧。

除号和乘号一样，也有另一种表示方法，就是"："，这个符号的发明者和"·"的发明者是同一个人，而且"："现在也在应用，比如在比例当中就会使用它，其实"比"和除法的意思是差不多的。

现在小朋友们应该明白了吧，没有一个人是天才，即使是伟大的科学家，也是在前人的基础上努力才能有所成就的。这么一想，我们的先人为我们留下了如此丰富而又便利的资源，我们有什么理由不好好学习呢？

水手的数学发明

据说加号和减号的出现并非是科学家们的成果，而是水手发明出来的。因为在航海的时候，他们都会用木桶来贮存淡水资源。每当水减少的时候，他们就会在木桶外面标上刻度，也就是"一"，以此表示水的减少，而桶里加上水之后就会在横线上面加上竖线，就成为我们使用的"＋"了。

解读《九章算术》

　　《九章算术》是我国古代第一部数学专著，是《算经十书》中最重要的一部。该书内容十分丰富，系统总结了战国、秦、汉时期的数学成就。同时，《九章算术》在数学上还有其独到的成就，不仅最早提到分数问题，首先记录了"盈不足"等问题，《方程》章还在世界数学史上首次阐述了负数及其加减运算法则。要

注意的是《九章算术》的作者不详，它是一本综合性的历史著作，是当时世界上最先进的应用数学，它的出现标志着中国古代数学形成了完整的体系。

《九章算术》的内容十分丰富，全书采用问题集的形式，收录有 246 个与生产、生活实践有联系的应用问题，其中每道题有问（题目）、答（答案）、术（解题的步骤，但没有证明），有的是一题一术，有的是多题一术或一题多术。这些问题依照性质和解法分别隶属于书中九个章节内容，如下所示：

第一章《方田》：主要讲述了平面几何图形面积的计算方法，包括长方形、等腰三角形、直角梯形、等腰梯形、圆形、扇形、弓形、圆环这 8 种图形面积的计算方法。另外，还系统地讲述了分数的四则运算法则，以及求分子分母最大公约数等方法。

第二章《粟米》：提出比例算法，称为"今有术"。

第三章《衰（音 cuī）分》：提出比例分配法则，称为"衰分术"。

第四章《少广》：已知面积、体积，反求其一边长或径长等，介绍了开平方、开立方的方法，其程序与现今程序基本一致。这是世界上最早的多位数和分数开方法则，它奠定了中国在高次方程数值解法方面长期处于世界领先地位的基础。

第五章《商功》：土石工程、体积计算。除给出了各种立体几何的体积公式外，还有工程分配方法。

第六章《均输》：合理摊派赋税，用衰分术解决赋役的合理负担问题。今有术、衰分术及其应用方法，构成了包括今天的正反比例、比例分配、复比例、连锁比例在内的整套比例理论。西方直到 15 世纪末以后才形成类似的全套方法。

第七章《盈不足》：即双设法问题。提出了盈不足、盈适足和不足适足、两盈和两不足三种类型的盈亏问题，以及若干可以通过两次假设化为盈不足问题的一般问题的解法。这也是处于世

界领先地位的成果，传到西方后，影响极大。

第八章《方程》：一次方程组问题。采用分离系数的方法表示线性方程组，相当于现在的矩阵。解线性方程组时使用的直除法，与矩阵的初等变换一致。这是世界上最早的完整的线性方程组的解法。在西方，直到17世纪才由莱布尼兹提出完整的线性方程的解法法则。这一章还引进和使用了负数，并提出了"正负术"——正负数的加减法则，与现今代数中的法则完全相同。解线性方程组时实际还运用了正负数的乘除法。这是世界数学史上一项重大的成就，第一次突破了正数的范围，扩展了数系。在国外，直到7世纪，印度的婆罗摩笈多才认识负数。

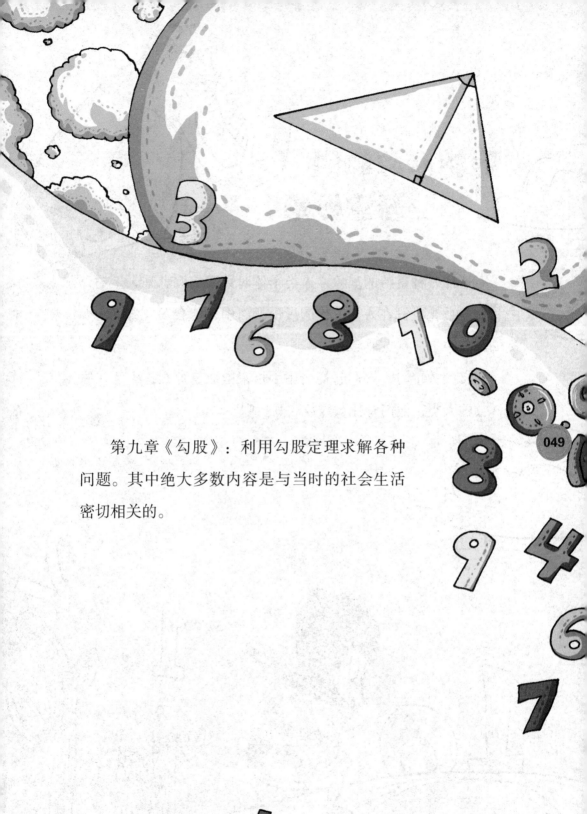

　　第九章《勾股》：利用勾股定理求解各种问题。其中绝大多数内容是与当时的社会生活密切相关的。

原始人数数的奇思妙招

有这样一种奇特的现象，人类个体对数字的概念是天生的，把我们的目光投掷在人类进化的漫漫长河中，就会发现数字在人类的脑海中是一点点地形成的。

在接触数字时，人们起初会用手指来数数。那么，生活在原始社会的人类，他们有什么数数的妙招呢？

人类是由动物进化而来的，最初的时候没有数字的概念，由于生活实践和分配生活用品等方面的需要，数字的概念就逐渐产生了。在没有文字之前，人类计数的方式大致有手指计数、石子计数、结绳计数和刻痕计数四个阶段。

人有十根手指，它们就像是好兄弟，在生活中起到了很大的作用。著名学者亚里士多德曾经说过："十进制的广泛使用，只不过是我们人类生来就有 10 根手指这一事实的结果。"由此可见手指计数的重要性！但是，手指计数有个明显的缺陷，那就是它只能表示当前情况下遇到的数字，它们无法表示过去的数字，因此也就无法保留到以后。

久而久之，当出现越来越多的数字后，记忆不由自主地变得

混乱甚至会被遗忘，因此手指计数的方法注定会被淘汰。在人们迫切的希望中，石子计数的方法诞生了。

石子计数比手指计数要先进许多。在人类社会初期，人们都用石子来表示捕获到的猎物数量，比如捕获了一头野兽后就在地上摆 1 颗石子，捕获了 5 头野兽就摆 5 颗石子。但这种计数方式也有明显的缺陷，因为放在一起的石子很难长久保存。

接着，比较新奇的结绳计数法出现了，这种计数方式是地球上大多数古代人类都做过的事。简单地说，也就是在一根绳子上

打结，以"结"表示数量的多少。比如今天猎到 4 只羊，那么就在绳子上打 4 个结。它的弊端是，绳子的长度毕竟有限，时间久

053

了，便无法满足计数的需求。

最后出现的是刻痕计数法，它与结绳计数法有异曲同工之妙。在1937年的时候，维斯托尼斯地区发现了一根幼狼前肢骨，它距今有40多万年的时间呢！它长17厘米左右，上面有55道很深的刻痕，这是刻痕计数的证据。小朋友们，直到今天，在地球上的某些地方，仍然有人在用刻痕的方法来计数呢！

没想到，咱们的祖先如此聪明，居然想出这么多的计数方法！

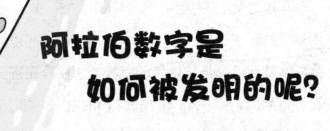

阿拉伯数字是
如何被发明的呢？

　　阿拉伯数字是怎样出现的呢？又是怎样传播开来的？下面我们就一起来具体地了解一下这种数字吧！

　　发明了阿拉伯数字的是一位叫作巴格达的印度科学家。说起来比较复杂，最原始的数字别说"10"了，连"5"都没有，最多也就到"3"，想要表达"4"这样简单的数字得用"2加2"来表示，"5"还不是"2加3"，而是"2加2加1"，就连"3"都需要用"2加1"来表示。

在那之后，是用一只手来表示"5"的，接着又出现了用双手的十指表示"10"的方法。不过这些也都算是数学计算的基础而已。虽然曾经的罗马数字比较先进，但是它也只能计到Ⅴ（即5）。Ⅹ（即10）以内的数字，都还需要由Ⅴ（即5）和其他的符号相结合才能表示。

前面我们也都知道了，符号的前后位置不一样，数字就不一样，可以说在罗马的时候，人们就已经懂得给数字定位了呢。不过真正将数字变得简单的却不是罗马人，而是两河流域的古代居民，他们以罗马数字为基础对数字进行了改

进，发明了1、2、3、4、5、6、7、8、9、0这十个符号，直到今天我们仍在沿用。

　　但是，"0"这个符号最古老的记录出现于8世纪的印度，不过当时"0"叫作"首那"。小朋友，前面我们已经讲了阿拉伯数字是印度人发明的，而且发明阿拉伯数字的并非是个数学家，而是一名天文学家，他把数字记在了不同的格子当中，在第一个格子里用一个符号来表示"1"，如果第二个格子里出现了相同的符号，那么第二个格子里的符号就表

示"10"，第三个格子就表示"100"。

随后，印度的学者又发明了代表零的符号，也就是"0"，使得计数的方法更加简便了。也就是说，阿拉伯数字的鼻祖就是这些计数法和符号！

随着对外贸易的发展，印度创造的神奇数字很快传到了世界各地，并被广泛应用于各个领域。到了1200年，它成为欧洲学者正式采用的符号和计数体系。那时的阿拉伯数字仍然没有现在的数字这么简单，可是比起那些复杂古老的罗马数字，它还是非常实用而且先进的。可以说，从阿拉伯数字诞生到如今它被全世界人民广泛应用，这些看着不起眼的小小数字，为千百年来人类社会发展做出的伟大贡献是无法衡量的。

古代人是如何表示分数的？

　　我们都知道，把单位"1"平均分成若干份，表示其中的一份或几份的数叫作分数。那么，古代人是如何表示分数的呢？

　　我国春秋时代（公元前770年—公元前476年）的《左传》中，规定了诸侯的都城大小：最大不可超过周文王国都的三分之一，中等的不可超过五分之一，小的不可超过九分之一。秦始皇时代的历法规定：一年的天数为三百六十五又四分之一天。这说明分数在我国很早就出现了，并且用于社会生产和生活。在古代，中国使用分数比其他国家要早出一千多年。所以说，中国有着悠久的历史和灿烂的文化啊！

　　最初分数的出现，并非由除法而来。分数被看作一个整体的一部分。"分"在汉语中有"分开""分割"之意。后来运算过程中也出现了分数，它表示两个整数的比。分数的加减乘除运算我们小学就已完全掌握了，是不是很简单？不过在七八百年以前的欧洲，如果你有这种运算水平那么就可以说相当了不起呢。那时精通自然数的四则运算就已达到了学者水平，至于分数，对当时的人来说简直难于上青天。德国有句谚语形容一个人陷入绝境，就是"掉到分数里去了"。为什么会这么说呢？这都是笨拙的计数法导致的。在我国古代，《九章算术》中就已经有了系统的分数运算方法，比欧洲要早 1 400 年呢。下面，我们来看看古代书籍中对数学分数的记载吧！

西汉时期，张苍、耿寿昌等学者整理、删补自秦代以来的数学知识，编成了《九章算术》。在这本数学经典的《方田》章中，提出了完整的分数运算法则。

从后来刘徽所作的《九章算术注》中可以知道，在《九章算术》

中，讲到了约分、合分（分数加法）、减分（分数减法）、乘分（分数乘法）、除分（分数除法）的运算法则，与我们现在的分数运算法则完全相同。另外，还记载了课分（比较分数大小）、平分（求分数的平均值）等关于分数的知识，是世界上最早的系统叙述分数的著作。

分数运算，大约在 15 世纪才在欧洲流行。欧洲人普遍认为，这种算法起源于印度。实际上，印度在 7 世纪婆罗摩笈多的著作中才开始有分数四则运算法则，这些法则都与《九章算术》中介绍的法则相同。而刘徽的《九章算术注》成书于魏景元四年（263年），所以，即使是与刘徽的时代相比，我们也要比印度早 400年左右。

玛雅人和古巴比伦的数位进制

古巴比伦人在两千多年前采用的是六十进位值制，表示数字的符号只有两个，即 1 和 10。由于他们使用了位值制，因此符号在个位表示 1，在十位表示 60，在百位表示 60×60，等等。但是由于没有零的符号，而且 1 至 9 的符号互相不独立，因此容易引起混乱。古巴比伦人的文字称为"楔形"文字，因为他们没有纸和笔，书写方式是在黏性很强的泥板上用刻刀刻写，然后把写好的泥板晒干或烧干，这样坚固的泥板书就可以保存很长时间。符号是用刻刀刻出来的，只需刻两笔即可。 古希腊人的计数系统是十进制，但没有位值制概念。他们用 27 个古希腊字母 α、β、γ 等来表示数字，前 9 个字母分别表示 1 至 9，中间 9 个字母表示 10 至 90，后 9 个字母表示 100 至 900，按这种方式最大只能

表示 999。为了表示更大的数目，他们又引进了新的计数符号。这种计数系统十分复杂，但由于没有引进位值制，所以它无法保证任意大的数目都有相应的符号来表示。

两千多年以前，在北美洲中部居住的玛雅人创造了美洲唯一的古代文字，其中包括数字符号。他们有了位值制的概念，但采用的是二十进位制，这种进位制的形成可能与手指、脚趾同时参与计数有关，可见他们穿鞋的历史不长。一个多位数的计数法是，高位在上，低位在下，因为有位值制，所以这种计数系统是相当先进的，尽管计数符号并不独立，但采用分层的写法不大容易引起混乱。然而，玛雅文化只持续了一千多年，到公元 9 世纪的时候，这里的几个大城邦突然衰落了，文化也随之中断，其原因至今不明。

第三章

数字的科学趣谈

神奇的"缺8数"

有些人认为7是比较幸运的数字，菲律宾前总统马科斯也不例外。有一次，一个人对总统说："总统先生，我有一样特殊的礼物，会让您十分惊喜。"然后这人就在计算器上按下一个8位数，然后乘以63，于是一长串7就出现在了总统面前。

这人按下的8位数就是12345679。怎么就会出现一长串的7呢？而且，更奇怪的是他按下的数字偏偏缺少8。原来，这组神奇的数字就是人们常说的"缺8数"。用这个数去乘9的倍数，那么相应的 111 111 111，222 222 222……直到 999 999 999 都会出现。

快来看看，这个奇特的"缺8数"如果乘以3以及3的倍数，会怎样呢？

12 345 679 × 3=37 037 037

12 345 679 × 6=74 074 074

12 345 679 × 12=148 148 148

12 345 679 × 15=185 185 185

12 345 679 × 33=407 407 407

你发现什么了吗？所有这些乘法得出的结果都是"三位一体"。

如果这个"缺8数"与其他数相乘会有什么结果呢？

现在我们用 10 至 17 这个区间的数来乘一下，把其中的 12、15 去掉，因为它们是 3 的倍数。

12 345 679 × 10＝123 456 790（缺 8）

12 345 679 × 11＝135 802 469（缺 7）

12 345 679 × 13＝160 493 827（缺 5）

12 345 679 × 14＝172 839 506（缺 4）

12 345 679 × 16＝197 530 864（缺 2）

12 345 679 × 17＝209 876 543（缺 1）

乘数在 19 至 26 及其他区间（区间长度为 8 个数）的情况与此完全类似。

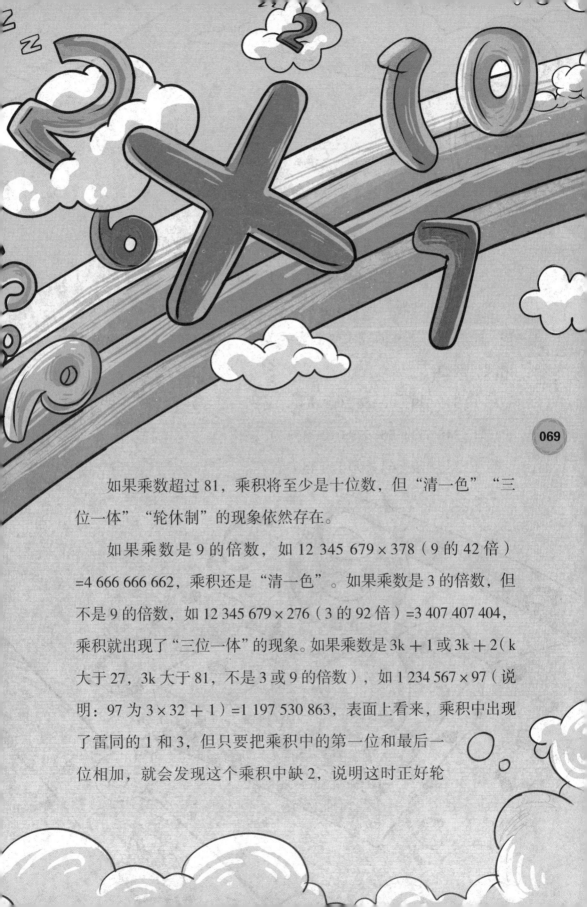

　　如果乘数超过 81，乘积将至少是十位数，但"清一色""三位一体""轮休制"的现象依然存在。

　　如果乘数是 9 的倍数，如 12 345 679 × 378（9 的 42 倍）=4 666 666 662，乘积还是"清一色"。如果乘数是 3 的倍数，但不是 9 的倍数，如 12 345 679 × 276（3 的 92 倍）=3 407 407 404，乘积就出现了"三位一体"的现象。如果乘数是 3k＋1 或 3k＋2（k 大于 27，3k 大于 81，不是 3 或 9 的倍数），如 1 234 567 × 97（说明：97 为 3 × 32＋1）=1 197 530 863，表面上看来，乘积中出现了雷同的 1 和 3，但只要把乘积中的第一位和最后一位相加，就会发现这个乘积中缺 2，说明这时正好轮

到 2 休息了。

另外，这个"缺 8 数"还有其他一些有趣的性质。

当乘数是 19 时，12 345 679×19=234 567 901，就像走马灯一样，打头的 1 跑到最后了，居于第二位的 2 却成了头领。其实，当一个公差等于 9 的算术级数为乘数时，"走马灯"的现象就会出现。例如：

12 345 679 × 46=567 901 234

12 345 679 × 55=679 012 345

12 345 679 × 64=790 123 456

小朋友，你发现是不是出现了"走马灯"现象呢？

另外，"缺8数"还能繁育后代呢。

例如，419 753 086 是"缺8数"与34的乘积，可以说它是"缺8数"的一个"孩子"。现在，我们分别让它乘以 3 和 9：

419 753 086 × 3= 1 259 259 258

419 753 086 × 9=3 777 777 774

瞧，多神奇啊！"三位一体"和"清一色"的现象又出现了。

祖冲之的成功之道

相信没有小朋友不知道祖冲之吧？他可是我国鼎鼎有名的人物呢！

这位南北朝时期的伟大数学家，是世界上第一个将圆周率算到小数点后第 7 位的人。虽然现在我们计算圆的面积的时候都用

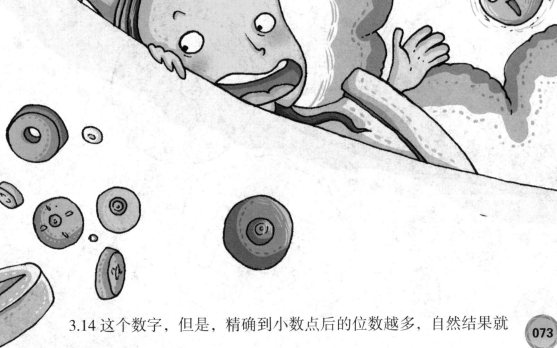

3.14 这个数字，但是，精确到小数点后的位数越多，自然结果就越精确啦！

　　小朋友们一定不知道吧，世界上围绕着圆周率的问题进行了很多年的研究呢。不过祖冲之将圆周率算到 3.141 592 6 到 3.141 592 7 之间的这个结果，可以说是跨时代的突破。他也因为这样的贡献，使得一些人将圆周率称为"祖率"。

　　祖冲之的这个成就比欧洲要早 1 000 多年。他对数学的贡献并不是仅此而已，只不过这个贡献是最耀眼的。除此之外，祖冲之还写过一本叫作《缀术》的数学著作，这本书在唐朝的时候还成了数学教科书呢！在天文学方面他编制了《大明历》。在《大明历》中，祖冲之将地球绕太阳一周的时间进行了精确的计算，这也是当时世界上最先进的历法。

　　看来他在哪方面都能有所作为呢！不过，小朋友们一定不知道他机械专家的身份吧？他发明了很多便于人们生活的工具，比如千里船、水碓磨和指南车等。这些机械工具设计得非常巧妙，可惜的是现在指南车已经失传了。这种车看名字也知道和指南针有些关系。在这个车上设计有一个木头人，无论这个车怎么转弯，木头人所指的方向都是南方。然而现在因为它的失传，所以已经不知道它的内部结构了。不过小朋友感兴趣的话还是可以自己研究的哦！

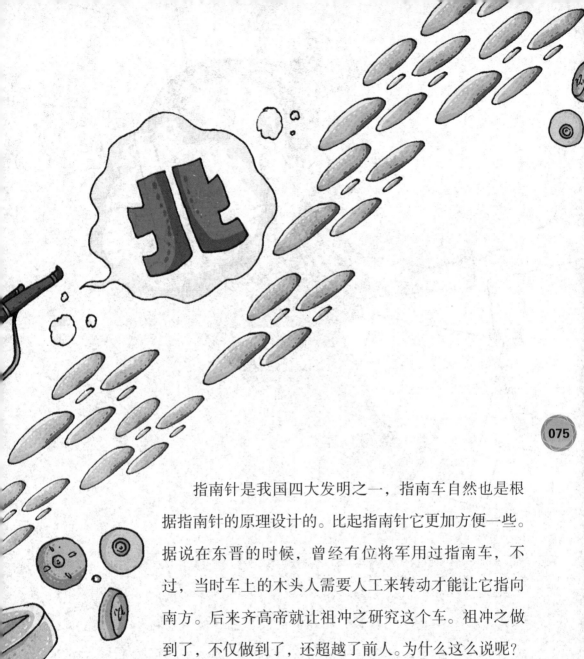

指南针是我国四大发明之一，指南车自然也是根据指南针的原理设计的。比起指南针它更加方便一些。据说在东晋的时候，曾经有位将军用过指南车，不过，当时车上的木头人需要人工来转动才能让它指向南方。后来齐高帝就让祖冲之研究这个车。祖冲之做到了，不仅做到了，还超越了前人。为什么这么说呢？因为祖冲之让木头人自动化了。这样就让指南车更加先进了。不过现在说什么都没用了，因为我们已经看不到失传的指南车了，总有些遗憾。

小朋友们可能会想，祖冲之是不是天才啊？为什

么他什么都能做得那么好呢？其实成功可不是偶然的。在那个急速发展的社会中，我国的科学取得了很大的进步，使得他在各个方面都获得了有利的资源。而在他之前，那些优秀的科学家们也已经奠定了坚实的基础，他的研究离不开这些基础条件。不过最重要的还是他个人的努力。小朋友们都知道天才是99%的汗水加1%的天分吧？还是努力学习最有效哦！

数字"142857"
的有趣发现

　　在看到 142 857 这个数字时，小朋友们会想到什么呢？估计大部分的小朋友都觉得这个数字没有什么特别之处。确实，不管怎么看，它都只是一个没有任何规律可言的数字罢了。然而事实上却不是这样的，最早是在金字塔里面发现了这个数字。小朋友们都知道金字塔是个非常神秘的地方，从它那里发现的数字自然也会不同凡响了，那么它究竟有多神奇呢？

　　光说不练假把式，我们具体地看一下就会明白啦。这个数字怎么奇怪呢？让这个数字从 1 乘到 6，你会发现什么呢？

142 857 × 1=142 857

142 857 × 2=285 714

142 857 × 3=428 571

142 857 × 4=571 428

142 857 × 5=714 285

142 857 × 6=857 142

细心的小朋友有没有发现什么现象呢？没错，从 1 到 6，无论这个数字乘以什么，结果都是这几个数字，只是位置变化了一下而已，从始至终它的"成员"都没有发生任何改变。很神奇吧？

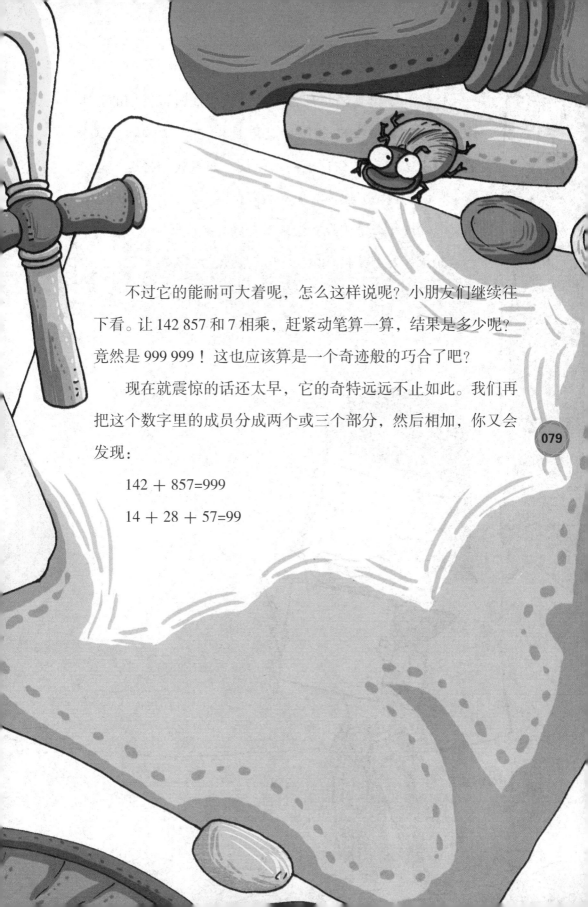

不过它的能耐可大着呢，怎么这样说呢？小朋友们继续往下看。让 142 857 和 7 相乘，赶紧动笔算一算，结果是多少呢？竟然是 999 999！这也应该算是一个奇迹般的巧合了吧？

现在就震惊的话还太早，它的奇特远远不止如此。我们再把这个数字里的成员分成两个或三个部分，然后相加，你又会发现：

142 ＋ 857=999

14 ＋ 28 ＋ 57=99

　　这样的结果真的是巧合吗？最后更加难以置信的是，让 142 857 和 142 857 相乘，结果是 20 408 122 449。这个数字看上去没有什么特别的，但是，如果我们将这个总共有十一位的数字分成前五位和后六位两部分，把它们相加，你又会发现什么奇迹呢？快来算一算！

　　20 408 ＋ 122 449=142 857！竟然还是它本身！

　　有没有发现，每进行一次运算，它就能够带给我们一个惊喜！如果小朋友们的好奇心还没有得到满足的话，那么就将它分开来相加，然后将结果继续分开来相加，一直加到只剩个位数为止，那又会是什么结果呢？一起来看一看吧，$1 + 4 + 2 + 8 + 5 + 7 = 27$；$2 + 7 = 9$。天啊，又是9！这个数字难道冥冥之中有着什么逃不脱的规律吗？

其实，数学的世界就是一个非常神秘的世界，很多数字之间都有着非常微妙的联系。虽然不是每个数字都像142 857一样有这么多惊人的巧合，不过也总有一些奇特的规律的。当然啦，数学这门学科博大精深，连数学家们都不敢说自己已经懂得所有的数学知识了呢，可见它的世界还非常辽阔。所以，小朋友们如果想要进一步了解数学的话，那么就自己去探寻吧！

曝光率极高的数字"12"

　　小朋友们都是求知欲很强的吧？刚刚只说了一个 142 857，想必一定远远不能满足小朋友们的好奇心。既然这样，就再来说一个非常有趣的数字吧。这个数字没有 142 857 这么庞大，而且奇怪的是，它出现在我们生活中的频率非常高。是哪个数字呢？就是 12。

　　也许很多小朋友该感到奇怪了，这个数字有什么好神奇的啊？它就是个两位数，算来算去也没有什么特别的。不过你们有没有注意过呢？我们生活中通常是以十进制来计数的，但是为什

么很多事物都以 12 为一个轮回呢?

　　比如你看，一年分成 12 个月而不是 10 个月;星座和生肖都分成 12 个而不是 10 个;我国古代有 12 个地支，一天分成 12 个时辰。这是为什么呢? 从这些方面来看，这个数字对时间和历法的意义都不小呢。一年为什么分成 12 个月呢? 其实月份并不是随意划分的，一年是地球绕太阳一周的时间，也是月球绕地球一周时间的 12 倍。你看，又是 12! 这么一看就觉得它特别了吧?

　　不过 12 可不止会出现在天文历法上，在我们生活当中，它也会作为一个单位出现呢。比如，小朋友觉得妈妈在买鸡蛋的时候会怎么买呢? 有没有听说过"一打"这个单位呢? 你知道吗，一打就是 12 个哦。其实以 12 为单位的不仅有"打"，还有"罗"，小朋友如果查字典的话就会看到，12 打为 1 罗，不过它在我们生活中出现的频率不是很高而已。

除了用作单位，12 还总是出现在很多的宗教信仰当中。比如希腊神话里的主神正好就有 12 位，而天主教中耶稣的门徒也恰好有 12 个。在佛教当中，它更是一种轮回，比如"十二因缘论"。这真的是巧合吗？还是它有着特别的意义呢？这个我们就不知道啦。

既然说它常见，就不能只说这些方面。在人体内，我们有 12 对肋骨，而我们的内脏中有一部分叫作十二指肠。

这么一看，12 这个数字可以说已经成为一种文化了呢。不过既然说到文化，文学作品就不能不提了。小朋友们猜猜看文学作品当中会有这个数字吗？答案是肯定的。比如，莎士比亚的《第

十二夜》，马尔沙克的《十二个月》，奥格的《第十二个天使》，以及爱丽丝克·韦布的《十二根金线》等，都在标题中彰显出这个数字了。除了题目，在内容当中有"12"的作品更多，比如《红楼梦》当中的"金陵十二钗"，就是一个很好的例子。

现在觉得它有趣了吧，是不是有点逃不开的感觉呢？确实，它出现在我们身边的概率实在是太高了。手表上的一圈正好 12 个数字，电脑键盘上的功能键也有 12 个，就连我们的电话上的按键都是 12 个呢。

说完了这些，小朋友是不是还想到其他和 12 有关的东西了呢？这么有趣的数字到底有什么魔力呢？让人们都对它着迷。想要知道答案的话，小朋友们就要好好学数学，争取有一天找到其中的奥秘！

你知道数字的特殊含义吗？

小朋友们想一想，前面我们说过几个有趣的数字了？有142 857 和 12。事实上，有很多数字都有着自己独特的含义呢。那么，究竟还有哪些常见的数字有着特殊的含义呢？"3"就是其中

的一个。说起三角形，小朋友没有不知道的，要知道，在一个平面上，不在一条直线上的 3 个点就能构成一个三角形。美术当中有红、黄、蓝三原色，而不是其他的数字。这么说，"3"的含义可还真不少呢。

它是一个含义非常丰富的数字，尤其在我国的文化当中，它出现的频率非常高。小朋友们有没有看过古装电视剧呢？一般有人去世了，其亲人就要为逝者守丧 3 年；在结婚的时候，新郎和新娘要三鞠躬，新娘在结婚前，新娘的妈妈要为她梳头发，从上到下梳理 3 次；人到 30 才算而立之年；古人还常说"不孝有三""三从四德"。这么一看，3 在文化当中出现的频率倒是丝毫不低于 12 呢。从这些方面来看的话，3 的地位真是高啊！

　　不过不是只有 3 这个数字有特殊的含义哦！7 也是一个有着特殊含义的数字呢。这个数字从古希腊时代开始就在欧洲人眼中带有神秘的色彩。因为他们发现生活当中很多事物都和这个数字有关系。比如自然界由水、火、土、风这 4 种元素组成，而社会中的家庭则包含着

父亲、母亲和孩子这 3 个元素，加起来这 7 个元素
就是社会和自然的结合了。另外，人有七宗罪。这
么看，"7"多少也有些特别的含义吧？

　　看完这些，小朋友们想到的是什么呢？原来
有意思的不是一个数字，而是数学这门学科呢！那
么，不喜欢数学的小朋友们是不是要改变想法了
呢？赶紧努力还来得及哦！

为什么学好历史离不开数学？

　　数学研究的是什么？数。数是什么？一种量。而历史中有量吗？我们如果把历史理解为过去的社会，就会发现，历史中也有量呢，例如人口的量、土地的量、王朝延续时间的量、人物的年龄、租税的量、物价的量等等。这还远远不是全部。我们知道，任何事物都有属性，例如高矮、胖瘦、美丑、真假、善恶、好坏、疏密、轻重、强弱、盛衰、多少、大小、长短、干湿、冷热、南北、上下等，而所有这些属性上的差别归根到底都是量的差别。历史是过去的社会，当然也有很多属性，所以也就有各种量的差别了。另外还有一种在比较中看出关系的量，如比例、概率等。

关于这些量，我们在认识的时候，可以有不同的结果。其中一种就是模糊的量和清晰的量。事物的量本身无所谓模糊或清晰，但是认识者却可能会被动模糊和主动模糊。例如，我们可以说清朝自入关共延续 268 年，也可以说清朝自入关共延续 200 多

年，甚至可以说清朝自入关延续了很长时间。

还有一种就是数之量和非数之量。数之量就是数字化的量。例如，对于做某件事，我可以说没有把握、有点把握、较有把握、很有把握、稳操胜券，也可以说把握程度是零成、三成、五成、八成、十成。

是否数之量就是清晰的量，非数之量就是模糊的量呢？未必。《史记》说"项羽身高八尺有余，力能扛鼎"——个子高、力气大，一个是数之量，一个是非数之量，这看起来是够模糊的。

　　另外表面很精确的数之量未必就真的很精确。例如《帝王世纪》说"夏禹之时有民口千三百五十五万三千九百二十三人"，就未必精确。而老师给学生打的分能够精确到小数点后一位，学生给老师打的分甚至精确到小数点后几位，却仍然可能是模糊的，具有很强的弹性。

　　但是总体来说，数之量能达到的精确程度却不是非数之量都能达到的。例如，我们说珠穆朗玛峰高 8 844.43 米，这个数之量就无法用非数之量来表示同等的清晰程度。

　　数之量和非数之量能否相互转换呢？这毫无问题。例如，萧克将军享寿 102 岁，我们可不可以说他极其高寿？一个人极其高寿，我们可不可以说他大约活了九十岁甚至百岁？转换有可能损失清晰度，也可能不损失清晰度，但是不能增加清晰度。

既然历史中处处有量，而这些量都可以转换为数之量，而数学是研究数的，所以，学历史学的人是不是应该学好数学呢？即使历史资料中缺少数字资料，也不能成为历史学排斥数学的理由哦！

那么历史学者直接应用数学有什么好处呢？一个是使历史资料更加一目了然；一个是有可能更加精确。数学是不是很有用呢？小朋友们，以后可要好好学习数学哦！

八卦阵的数学原理

小朋友们见过太极八卦吗？它代表着阴阳，说起来形状也非常特别。小朋友们有没有试过画一个太极八卦图呢？八卦里面可有着无尽的数学知识呢！

小朋友知道我国有一个八卦阵吗？这个建筑非常宏伟，占地

面积有两千多平方米。这个阵就是按照八卦方位图来设计的哦！那么这个阵是做什么用的呢？据说这个阵是诸葛亮布的一个作战图。这下明白了吧？它可是为打仗服务的呢！

不过这也只是它的起源而已，现在是和平年代，自然就不再用于战争啦，而这个八卦阵也就成为人们旅游的一个景点了。八卦到底和数学有什么关系呢？现在就让我们一起来看看吧！

虽然诸葛亮首次将它运用到了战争当中，不过八卦在那之前就已经有了。它的数学原理是什么呢？非常简单。就是将1至9这9个数字分成三组排成一个方阵。不过特别之处在于，这个方阵上的数字无论是横向、纵向还是斜着，三个

数字的和都是 15。这么说有些抽象，给小
朋友们把数字列一下就明白了。这个方阵是
这样的：

　　4　　3　　8
　　9　　5　　1
　　2　　7　　6

　　是不是很神奇啊？虽然看起来像密码一样，
不过在作战的时候可是非常有用的呢。为什么这么
说呢？因为当时的兵力就是按照这样的比例进行分
配的。

这样是不是就容易理解了呢？小朋友们想一想，这样的一个方阵，丝毫没有漏洞可言，无论怎样进攻，兵力都是平均的，真的是一个利于驻守的好方阵呢！不过小朋友们也不要认为它是万能的啊。如果仔细观察还是有死角的哦！你看，如果从"1"这里下手突破的话，从"2"那里就能出去，而且这样的方法遇到的兵力最少，这样就能打乱它的平衡了！

这样一看，小朋友们是不是就明白了呢？天下没有什么是万能的哦！只有准备得当，才能让事情进行得更加顺利。所以小朋友们不要想着找一劳永逸的办法，因为那只是浪费时间，根本不存在呢！

数学天才高斯的惊人之举

　　小朋友们数数看，你们知道的著名的数学家有哪些呀？有欧几里得、秦九韶、笛卡尔、费马、莱布尼茨、希尔伯特……不过，最为著名的可是素有"数学天才"之称的高斯，你们对他又有几分了解呢？

　　高斯的祖父是一个朴素的农民，父亲没有受过什么教育，除了在园林工作外，也当过各种各样的杂工，比如工头、建筑工等。

而他的母亲 34 岁结婚，35 岁才生下他。母亲是一位石匠的女儿，并且有一个聪明的弟弟，他心灵手巧，是当地知名的织绸高手。高斯小的时候就非常受舅舅的照顾，他的知识启蒙也来自于舅舅。可是他的父亲是个大老粗，他认为力气是最重要的，学问对于穷人没有丁点儿用处。

　　在高斯不到三岁的时候，有一天，他看着父亲计算借债账目，父亲费了好大一会儿的工夫才把钱算了出来。可是高斯嘟起了嘴，他小声说道："爸爸，你算错了，应该是这样才对！"原来，父亲在说钱数的时候，高斯就已经一一写了下来。

　　父亲十分诧异，然后自己又算了一次，果然高斯的答案是正确的。他很好奇，儿子这么小，并且没有人教导，怎么对计算这么有兴趣呢？原来，高斯是凭着观察，在不知不觉中学会了计算。后来，父亲把他送去了学校，希望他能学到更多的知识。

　　小学时，有一次老师要求同学算出算式：$1 + 2 + 3 + 4 + \cdots\cdots + 98 + 99 + 100 = ?$

　　在别的孩子都在苦苦计算的时候，高斯用小石子写下了正确答案"5 050"。老师就问他是怎么计算出来的，为什么速度那么快。原来：$1 + 100 = 101$，$2 + 99 = 101$，$3 +$

98=101……50 + 51=101，前后两项两两相加有 50 组和都是 101 的式子，最后 101 × 50=5 050。

小朋友们，你们小学时期有高斯聪明吗？你们也能算出答案吗？当然啦，高斯的聪明远远超乎人们的想象。

后来，高斯进入了德国哥廷根大学学习。有一天吃完晚饭后，他开始做老师布置给他的 3 道数学题。前面两道在三个小时内完成了，老师将第三道写在一张小纸条上，题目是：要求只用圆规和一把没有刻度的直尺，画出一个正 17 边形。

高斯感到非常吃力，思考了很长时间都无从下手，最后他发现，自己学过的所有数学知识，似乎都对解开这道题没有任何帮助。他并没有妥协，而是燃起了熊熊斗志，他在心里下定决心，一定要把它画出来。他尝试着用一些超常规的思路去寻求答案，当窗外露出曙光时，高斯终于停止了思考，因为他终于完成了这道难题。

第二天见到老师的时候，高斯愧疚地说道："您给我的三道题，我居然用了一个晚上才完成，我愧对您的栽培。"

老师接过作业一看，当场就震惊了，再三确认是高斯自己做

出来的后，他激动地说道："你知不知道？你解开了一桩有两千多年历史的数学悬案！阿基米德没有解决，牛顿也没有解决，你竟然一个晚上就解出来了，你是一个真正的天才！"

怎么样？想要拥有天才的称号，那么一定得动脑筋哦！如果长期不思考，那么脑袋可能会生"铁锈"呢！

第四章

生活处处有数学

你会玩这些数字游戏吗？

说到玩游戏，小朋友们一定乐了，脑海中会不由自主地想到"丢手绢""老鹰捉小鸡"等游戏，那么，你们会玩数字游戏吗？这听起来是不是比较新奇呢？

数字游戏有很多种，比如网络数字游戏、电子数字游戏，通过生动形象的动画，能够在游戏中学习数字的比较常见的游戏有"24点扑克牌""蜘蛛爬行"等。在现实生活中，我们也有数字游戏可以玩哦！下面就教给大家几种吧！

"九宫格"，它的游戏规则很简单哦！首先，画出一个"3×3"的格子，也就是横竖都有三行，在9个空格中，已有若干个数字，其他格子留白。玩游戏的人要按照自己的逻辑，推敲出剩下的空格内应该填什么数字，前提是必须使得每一行、每一列数字加起来的和都相同，并且，九宫格内数字只能出现一次哦！

也许大家会觉得这个游戏比较难，那么也有十分简单且很有趣味的游戏呢！

"拍七令"，这个游戏可以很多人一起参加，参加的人在1

到 99 之间报数，但到含有"7"的数字或"7"的倍数时，那么就不许出声，然后要拍下一个人的后脑勺，之后下一个人才能继续报数。如果有人报错数或拍错人的话，嘿嘿，就必须接受惩罚了呢！这个游戏在于，没有人会不出错，虽然是很简单的算术，但也能够在乐趣中调动大家的思维和积极性呢！

"七""八""九"，这个游戏需要用到两粒骰子和一个骰盒，两个人或两人以上都能玩！每个人可以摇一次，两个骰子的和如果是"七""八""九"的话，那么就得接受惩罚哦！加起来的数字越大，接受的惩罚也就越大呢！玩这个游戏时，小朋友们要期待着幸运之神降临在自己身上哦！

"朝三暮四"的数字谎言

　　小朋友们都知道"朝三暮四"这个成语，也都明白它是个贬义词。就比如《蜡笔小新》当中的故事情节，他的妈妈问："小新啊，你是要看《动感超人》的动画片，还是要吃小熊饼干呢？两个只能选一个哦！"面对这样的选择，小新肯定会说："妈妈，我要吃小熊饼干，不对不对，我要看《动感超人》……"小新反复改变答案，这是朝三暮四的表现吗？你们知道这个成语的真实奥秘吗？在说之前，先给大家讲个故事吧！

　　相传，在宋国，有一个老人十分喜欢猴子，为了观赏这种有灵性的猴子，他专门喂养了一大群猴子。老人与猴子相处久了，彼此之间便能心意相通。不仅老人可以从猴子的一举一动中看出它们的想法，而且猴子也能从老人的表情、话音和行为举止中领会他的意图呢！不过，老人养的猴子实在太多了，所以每天要消耗大量的瓜果粮食，于是他节制家人的食物，把节省下来的食物拿去喂猴子。然而，这样一个普通的家庭，怎么可能有大量的财力物力长期供养一大群猴子呢？

　　在老人所住的村子旁边，有一棵高大的栎树。每年夏天，栎

树便会结出猴子们爱吃的果实——橡子。老人在供养不足的情况下，他决定用橡子给猴子们充饥。于是，他对猴子们说："从今天开始，你们在饭后可以再吃一些橡子。每天早上可以吃三粒，晚上吃四粒，这样够不够？"

猴子们只明白老人前面说的一个"三"字。它们一个个站起来，对着老人叫喊发怒，仿佛是在表达老人给的橡子太少了。老人见猴子们不乐意，于是就换了一种方式，他说道："如果你们嫌橡子太少，那么就改成每天早上给你们四粒，到了晚上的时候再给三粒，这样总够了吧？"

猴子们一听前面的"四"字，立马就安静下来了，它们觉得这比之前老人说的方法要多了一颗橡子，所以一个个露出高兴的神态。

故事讲完了，小朋友们是否看出了一些奥秘呢？原来，这群猴子实在太傻了，老人所说的"朝三暮四"（早上3颗晚上4颗）和"朝四暮三"（早上4颗晚上3颗），一共不都是7颗吗？不同的只是分配方式有所变化。那么，大家一定疑惑了，一向精明的猴子怎么就被老人给骗到了呢？

如果大家那样想的话，可就大错特错了。其实，对于猴子而言，白天是它们活动的时间，只有摄取充足的食物才能保证每天运动所需要的能量，这

与进食的多与少密切相关呢！在它们的世界里，只有"朝四"才能保证一天的需求，而晚上主要是以休息为主，有"暮三"就够了。如果硬是要它们在晚上的时候吃 4 颗橡子，它们就会觉得浪费。

说到这儿，大家是否明白了呢？猴子们不仅没有被骗到，反而用抗议的方式表达了自己的需求呢！

现实生活中，大家可不要被"朝三暮四"和"朝四暮三"所蒙蔽，也不要被如老人所说的花言巧语欺骗了啊！虽然"3＋4"和"4＋3"的结果是一样，但是如果环境和背景发生了变化，那么效果就会截然不同呢！

小朋友们，对我们而言，一个人要有理想，认准目标，做什么事都得有恒心，要保持始终如一的态度哦，千万不能和寓言里一样朝三暮四呀！否则，那将一事无成哟！

解开算盘的神秘面纱

　　小朋友们都见过算盘吧？这可以算是我国一项很伟大的发明了。为什么这么说呢？你想啊，一个小小的算盘能够算出成千上万的庞大数字来，不用计算器也不用纸张，再简单不过了。很多小朋友也都会用算盘。这么一想它确实挺好玩的吧？

　　在没有计算器之前，算盘可是我国非常重要的计算工具呢。它的出现距离现在已经非常久远了，这么说吧，

早在阿拉伯数字还没出现在我国的时候，算盘就已经存在了。这么一想，当时的人们还真是很聪明呢！

算盘有很多种，虽然样子大同小异，不过材质和形状都有所不同。比如有木头的，也有塑料的。小朋友们想一想算盘是什么样子？有一个长方形的框，里面偏上的地方有一个横板，横板上竖着固定着穿有算盘珠子的小棍子，这些棍子叫作"档"。根据算盘规格的不一样，它的数量也有 9、11 和 15 的区别。"档"被横板分成上下两部分，上边有 2 颗珠子，下边有 5 颗，有的则有 4 颗。

因为珠算简单方便，所以曾经使用非常广泛。怎么样？如果小朋友还不会使用，那么就赶快学一学吧。毕竟它曾是我国重要的发明呢！

中国大写数字的妙用

相信很多小朋友都陪自己的爸爸妈妈去过银行吧，在他们填单子的时候，小朋友们有没有注意到，他们除了书写阿拉伯数字之外，还会填上"壹、贰、叁、肆"这类汉字，其实它们就是数字"1、2、3、4"的另一种写法。你们是不是也觉得很奇怪呢，既然阿拉伯数字简单又容易，为什么还要用汉字呀？而且我们平时使用的人民币上也有那些汉字，难道是为了美观吗？别急，马上就来给你们揭晓答案啦！

不知道小朋友们有没有看过老师写成绩，当分数写错了的时候，老师会在数字上进行更改。这回知道了吧？阿拉伯数字或汉字中的简易数字非常容易被更改。比如"3"和"0"，很容易就能摇身一变成为"8"；而"一"很容易也能成为"二""三""十"等。

既然是银行，就会跟钱有关系，自然要小心谨慎一些啦，否则蒙受损失就不好了呢！出于这样的目的，爸爸妈妈到银行填单子的时候都会用汉字进行填写。比如壹、贰、叁、肆、伍、陆、柒、捌、玖、拾、佰、仟等，而像是万、亿、兆这样不易更改的数字就不必用其他汉字代替了。不过，汉字写起来有些麻烦，比如"2 584元"就要写成"贰仟伍佰捌拾肆元"。

那么这套汉字又是什么时候才出现的呢？其实呀，在没有现代银行的时候它就已经出现了。要知道，在唐代的时候这套汉字就开始使用了，不过真正用作记账还是从明代朱元璋当政时开始的。小朋友们都知道，朱元璋是明朝的开国皇帝，最厌恶贪官污吏，然而他手下出现了一个贪官。朱元璋非常生气，在处死那个贪官后，他便想出了这个办法，并且一直沿用到了现在。

现在小朋友们还觉得这样做是多余的吗？赶紧学会这些字吧，它可是非常有用呢！

你会念数字儿歌吗?

"1、2、3、4、5，上山打老虎。老虎没打到，打到小松鼠。松鼠有几只，让我数一数。数来又数去，1、2、3、4、5。"这是我们耳熟能详的歌谣《打老虎》，里面有我们最常见的简单的数字。现如今，数字儿歌越来越多，原因就在于它能够使大家轻松地记住数字。小朋友们，让我们一起走进数字儿歌的王国吧!

大家可不要以为这些数字歌谣是在现代诞生的，其实，在古

时候，人们就会编一些数字歌谣呢！像"一去二三里，烟村四五家。亭台六七座，八九十枝花。"该诗用一到十的数字连成一首诗，是不是看两三遍就能记住了呢！当然，这首歌谣中还有一个小故事呢！

从前，有一个小孩，他牵着妈妈的手去姥姥家做客，他一口气跑了二三里后，眼前是一个小村子，里面只有四五户人家，而且还都在做饭呢，因为每家的烟囱都冒着炊烟。母子两人走累了，他们又看见路边有六七座亭子，于是走过去歇脚，亭子外开满了鲜艳的花朵。小孩看了很是喜爱，于是伸出手指仔细数着，嘴里念叨着："八枝，九枝，十枝……"

小孩想折一枝戴在自己的身上，刚要动手就被妈妈阻止了，妈妈说道："你折了一朵，别人也会折一朵，后面来的人就看不到美丽的花儿了！"小孩觉得妈妈说得很有道理，便放弃了折一

枝花的想法。久而久之，亭子外的花越来越多，多得人们数不过来，变成了一座香气扑鼻的大花园。

又比如："1"像铅笔细又长，"2"像小鸭水上漂，"3"像耳朵听声音，"4"像红旗迎风飘，"5"像秤钩来买菜，"6"像哨子嘟嘟响，"7"像镰刀割青草，"8"像麻花拧一道，"9"像勺子能盛饭，"0"像鸡蛋做蛋糕。

另外，你知道《拍手歌》吗？这首歌谣是用来配合我们玩拍手游戏的。

"你拍一，我拍一，天天早起练身体。你拍二，我拍二，每天要带小手绢儿。你拍三，我拍三，洗澡以后换衬衫。你拍四，我拍四，消灭苍蝇和蚊子。你拍五，我拍五，有痰不要随地吐。你拍六，我拍六，瓜皮果壳别乱丢。你拍七，我拍七，吃饭细嚼别着急。你拍八，我拍八，勤剪指甲常刷牙。你拍九，我拍九，吃饭以前要洗手。你拍十，我拍十，脏的东西不要吃。"

小朋友们，除了这些歌谣，你们还会念哪些呢？

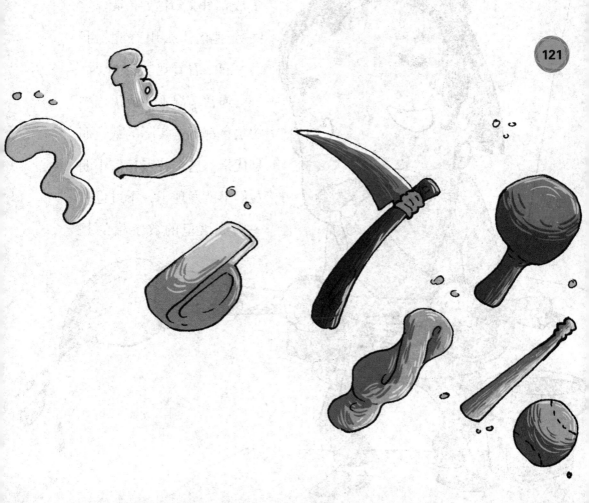

数字成语趣谈

　　小朋友们最感兴趣的语文知识是什么呢？是不是那些顺口而又含义丰富的成语啊？成语可是我国特有的文化，可以说是独一份，别的国家都没有呢！而且成语当中总是蕴含着无尽的哲理，仅仅几个字就能表现出一种深意。

　　那小朋友们有没有注意到成语和数学的关系也很紧密呢？仔细想想看，很多成语里都有数字哦！这些数字有什么用意呢？我们一起来看看吧。

　　通常情况下，成语当中的数字都不是实际的数，而是代指。这个特点相信小朋友们早就发现了，不过也有一些成语里的数字指的是

具体的数哦！比如三足鼎立、四时八节、五谷不
分、五体投地、六神无主、七窍生烟、七擒七纵、八仙
过海等，都是特指的具体数字呢！

　　不过最多的还是那些泛指的数字，它们在成语中的作用就是
强调数量之多。而最常用的数字一般是三、百、千、万之类的。
小朋友们想到什么成语了吗？像接二连三、三番五次、九死一
生、千头万绪、千疮百孔、万变不离其宗等就是此类中非常有代
表性的成语。

　　如果小朋友们觉得它只是来强调多的话，那么就错了哦，既
然是数字，有多就会有少。在成语中自然也会有强调少的成语。

要说少，那谁都比不过"一"了是不是？仔细想想的话，有"一"
的成语可还真是一支大队伍呢！比如一点一滴、一毛不拔、一丝
一毫、一知半解等，这些都耳熟能详呢！除了"一"之外，也有
一些其他的表示少的词语，像"三言两语"就是这样的。

　　然而数字有的时候并不表示它本身的意思，这么说小朋友们
是不是有点儿不明白了？仔细想想，有没有一些带数字的成语，
表示没有顺序、杂乱无章的意思呢？像妈妈经常说我们的东西摆

放得横七竖八、乱七八糟、杂七杂八，或是说心情七上八下，形容手忙脚乱的七手八脚，说人们讨论时秩序混乱的七嘴八舌等，都属于这一类。原来"七"和"八"都跟"乱"有关系呢！

有意思吧？还有更好玩的呢。比如一些成语是有贬义的。什么是贬义？就是批评人的。所以最好不要随便用哦！那这些最好不要随便用的成语有什么呢？像不三不四、朝三暮四、颠三倒四、低三下四和丢三落四等，这些带有"三"和"四"的词可都带有贬义呢。

不过也不是说只要成语当中有"三"和"四"，这个成语就不是寓意好的成语了。那么要怎么评判呢？小朋友们要知道，我国的文化博大精深，可不是一两句就能说清楚的呢！要是真的想弄明白，那么小朋友们就好好学习吧！